BANQUE

DE LA

CONFÉDÉRATION ARGENTINE.

PARIS,

IMPRIMERIE WIESENER, RUE DELABORDE, 12,

PRÈS DU CHEMIN DE FER DE ROUEN.

1856

BANQUE

DE LA

CONFÉDÉRATION ARGENTINE.

BANQUE

DE LA

CONFÉDÉRATION ARGENTINE

Sous le Patronage de S. E. le Président de la Confédération.

(BANQUE NATIONALE DE DÉPOT, D'ESCOMPTE ET D'ÉMISSION.)

PRIVILÉGE EXCLUSIF PENDANT 15 ANNÉES,

Avec faculté de prorogation, et préférence, à conditions égales, sur tous concurrents.

SOCIÉTÉ ANONYME PAR ACTIONS

ET RESPONSABILITÉ DES ACTIONNAIRES LIMITÉE AU MONTANT DE LEUR SOUSCRIPTION.

CAPITAL SOCIAL : 2,000,000 DE PIASTRES

Soit 10,000,000 de Francs, ou 400,000 Livres Sterling,

Divisé en 20,000 Actions de 100 piastres chacune, soit 500 francs ou 20 livres sterling.

Réalisation de capital.

Nécessaire pour la constitution définitive de la Société :

720,000 piastres,

Soit 3,600,000 fr. ou 144,000 livres sterling.

SIÉGE SOCIAL ET ÉTABLISSEMENT PRINCIPAL

dans la province où réside le Gouvernement fédéral.

SUCCURSALES DANS LES AUTRES PROVINCES.

AGENCES GÉNÉRALES A PARIS ET A LONDRES.

COMPTOIRS FACULTATIFS

à Buenos-Ayres, à Montévideo, au Paraguay, au Brésil, au Chili et en Bolivie.

APPORT SOCIAL.

1° Privilége exclusif de la Banque nationale;

2° Droit de frapper monnaie dans les hôtels des monnaies de la Confédération;

3° Concession de 200 lieues carrées de terrain en toute propriété;

4° Les autres avantages et préférences résultant du contrat passé avec le Gouvernement, et des statuts homologués par le Congrès législatif.

Les opérations de la société sont déterminées par l'art. 6 des statuts.

ADMINISTRATION.

La Banque est administrée par un Gouverneur, un sous-Gouverneur et un Conseil Général, composé de huit membres, sous l'inspection d'un Comité de trois censeurs et sous la surveillance d'un Commissaire du Gouvernement.

MINISTÈRE
DES
FINANCES.

Parana, 29 septembre 1855.

A M. Francisco C. de Belaustegui,
Représentant de Messieurs Trouvé-Chauvel et Dubois.

Son Excellence le Président de la Confédération a pris en considération la lettre par laquelle Messieurs Trouvé-Chauvel et Dubois autorisent M. F.-C. de Belaustegui à les représenter et solliciter en leur nom, du Gouvernement de la Confédération Argentine, le privilége pour l'établissement d'une Banque Nationale, conformément à la loi sanctionnée par les chambres législatives et à la communication faite en conséquence au Ministère des Finances, le 18 août dernier, par ledit représentant, et dans laquelle sont établies les conditions de la proposition de ses mandants, avec copie de l'acte de société.

Son Excellence prenant en juste considération l'entreprise, et la confiance dont jouissent ses fondateurs, a consulté des notabilités compétentes avant de prendre une résolution définitive, et, en vertu d'opinions respectables, a différé sa décision suprême, par égard aux engagements déjà contractés par la

République envers une autre personne, dont les propositions antérieures ont été acceptées.

Mais le Congrès fédéral, ayant évoqué cette affaire, a cru devoir, après l'avoir examinée avec l'attention et la maturité qu'exigent les intérêts du pays, voter le 27 courant, la loi dont, par ordre du Gouvernement, j'ai l'honneur de vous remettre ci-joint la copie légalisée.

En vue de cette résolution souveraine, S. E. s'empresse d'offrir à Messieurs Trouvé-Chauvel et Dubois de stipuler avec eux des conditions compatibles avec leurs intérêts et ceux de la Nation, et se fait un plaisir de manifester, par mon entremise, sa franche disposition à passer avec leur mandataire, M. de Belaustegui, un contrat conforme aux dispositions de la loi citée, et à la confiance que lui inspire l'honorabilité de ses commettants.

En conséquence, j'ai le plaisir d'offrir à M. de Belaustegui l'assurance de ma considération distinguée.

Le Ministre des Finances,

JUAN DEL CAMPILLO.

LOI.

Le Sénat et la Chambre des députés de la Confédération Argentine, réunis en congrès, votent avec force de loi :

Article premier. Le pouvoir exécutif national est autorisé à concéder le privilége sollicité par MM. Trouvé-Chauvel et Dubois, prenant en considération les propositions faites par leur mandataire, M. de Belaustegui, à la date du 18 août dernier, et dans le cas seulement, où, à l'expiration du terme de la concession accordée à M. de Buschenthal, il n'aurait pas réalisé l'établissement de la banque d'escompte de dépôt et d'émission qu'il a été autorisé à fonder par la loi du 6 juillet de la présente année.

Art. 2. Le pouvoir exécutif rédigera et règlera le contrat qui fixera les obligations réciproques du Gouvernement de la Confédération, et des fondateurs de la Banque nationale, en réservant au Gouvernement fédéral le droit et la faculté de préférer toute autre proposition qui lui serait faite, offrant plus d'avantages à la nation, et seulement dans le cas exprimé dans l'article précédent.

Art. 3. Le contrat qui sera passé en vertu de cette loi sera soumis à l'examen et à l'approbation du Congrès.

Art. 4. A communiquer au pouvoir exécutif.

Fait en la chambre du Sénat, à Parana, capitale provisoire de la Confédération Argentine, le 27 septembre 1855.

RAMON ALVARADO, *Président.*

CARLOS, M. SARAVIA, *Secrétaire.*

Parana, 28 septembre 1855.

Que le décret ci-dessus soit tenu pour loi, exécuté, publié et transcrit sur le registre national.

CARRIL.

JUAN DEL CAMPILLO.

Pour Copie conforme :

EDOUARDO GUIDO,

Official Mayor.

CONTRAT.

Dans la ville de Parana, capitale provisoire de la Confédération Argentine, le 19 octobre 1855, S. E. le ministre des finances de la Confédération Argentine, docteur don Juan del Campillo, représentant le Gouvernement national, d'une part; et d'autre part, le citoyen Don Francisco Casiano de Belaustegui, mandataire de MM. Ariste Trouvé-Chauvel et Antoine Dubois, de Paris, l'une et l'autre partie d'un commun accord, ont chargé le notaire soussigné de dresser, sous forme d'acte public, le contrat qu'ils ont passé ensemble pour l'établissement d'une Banque, dans cette République, avec privilége exclusif, dans l'ordre et la teneur qui suivent :

1° Le Gouvernement national concède à MM. Trouvé-Chauvel et Dubois, l'autorisation d'établir une Banque d'escompte et de dépôt, avec privilége exclusif d'émettre des billets au porteur, pour une durée de quinze années, à partir du jour de son installation, avec faculté de prorogation et préférence, à conditions égales, sur tous autres qui pourraient solliciter semblable privilége à l'expiration dudit terme.

2° MM. Trouvé-Chauvel et Dubois s'obligent à établir cette Banque dans la ville que le Gouvernement désignera, avec un capital de 2 millions de piastres fortes, soit 10,000,000 de francs, dans le terme d'une année, à partir de la date de l'homologation de ces conventions. Ce capital devra être augmenté quand les besoins du pays l'exigeront, à la réclamation du Gouvernement, réservant à la décision du Congrès, de fixer les conditions de l'augmentation.

3° Lesdits sieurs établiront également des succursales dans les provinces de la Confédération où les besoins du commerce et de l'industrie l'exigeront, sur l'invitation du Gouvernement.

4° La Banque pourra frapper monnaie dans les Hôtels des monnaies du Gouvernement, en se conformant et se soumettant aux lois de la Confédération, et sous la surveillance de l'autorité nationale.

5° La Banque pourra émettre des billets, mais en quantité telle, qu'elle n'excède pas le triple de la somme en métallique existant en caisse, et de manière que cette somme avec les valeurs en portefeuille représente une garantie suffisante pour la valeur de l'émission.

6° Les billets seront échangeables à vue contre or ou argent, au bureau général et dans les succursales ou agences des provinces. Le défaut de paiement en quelque lieu que ce soit de ces domiciles, d'un seul billet, lettre de change ou bon de caisse exigible, annulera la présente concession et entraînera la liquidation de la Banque.

7° Ces billets seront toujours admis pour leur valeur nominale dans toutes les administrations nationales en paiement des droits, impôts, taxes, loyers, fermages, prix de vente, et pour tous autres paiements, mais les particuliers ne sont pas tenus de les recevoir sans stipulation expresse à cet effet.

8° L'escompte des traites ou effets des particuliers ne pourra dépasser 1 p. 100 par mois.

9° La Banque fera des avances au Gouvernement en compte courant, jusqu'à la somme de 100 mille piastres par mois, contre garanties d'obligations de douanes ou titres endossables pour droits d'exportation et d'importation de marchandises. Ces avances se feront à raison de 6 p. 100 par an.

10° Tous les paiements que fera la Banque pour compte et avec les fonds du Gouvernement, seront libres de toute commission.

11° Les Statuts et réglements de la Banque seront soumis à l'approbation du Gouvernement, sans quoi elle ne pourra fonctionner.

12° Le Gouvernement pourra toujours, quand il lui conviendra, inspecter les livres et s'informer de la situation de la Banque, au lieu de sa résidence, par l'intermédiaire d'un inspecteur ou commissaire spécial, ayant faculté d'assister aux réunions des Assemblées générales des actionnaires et du Conseil, sans pouvoir toutefois y avoir voix délibérative.

13° La Banque publiera mensuellement et remettra au ministre des finances l'État de la caisse et le chiffre des billets en circulation. Cet état sera signé par un inspecteur nommé à cet effet par le Gouvernement.

14° MM. Trouvé-Chauvel et Dubois feront pour le Gouvernement un emprunt de 600,000 piastres, remboursable en dix années, par annuité de 60,000 piastres, avec l'intérêt correspondant de 6 p. 100 l'an.

15° En garantie de cet emprunt, le Gouvernement National déposera entre les mains de MM. Trouvé-Chauvel et Dubois des obligations suffisantes, qui lui seront rendues par annuité, à mesure des paiements qu'il fera.

16° Ces obligations ne feront point partie du fonds de la Banque, et ne seront point comprises parmi les valeurs en portefeuille, qui pourront autoriser l'émission des billets.

17° Le Gouvernement de la Confédération concède en propriété à MM. Trouvé-Chauvel et Dubois, deux cents lieues carrées de terrain, où le Gouvernement les désignera, à la condition d'y établir des colons, conformément à un contrat spécial qui sera passé entre le Gouvernement et les sus-nommés. La prise de possession de ces deux cents lieues s'effectuera par fractions approximatives de vingt lieues, de manière à ce que les concessionnaires ne puissent exiger une nouvelle fraction, sans avoir rempli, pour la précédente, les conditions de colonisation conformes au contrat.

18° La présente convention n'aura force et valeur de la part du Gouvernement, qu'autant que, à l'expiration du terme accordé à M. J. de Buchenthal par la loi du 6 juillet dernier, pour l'établissement d'une Banque d'escompte, de dépôt et d'émission, il ne l'aura pas effectué, ou qu'il aura avisé le Gouvernement de son impuissance à remplir les conditions de l'autorisation à lui accordée.

19° Dans le cas où des propositions plus avantageuses à la nation que celles exprimées dans ces conditions seraient faites au Gouvernement avant l'expiration du terme de juillet, citée plus haut, le Gouvernement avisera MM. Trouvé-Chauvel et Dubois, que la préférence leur est réservée.

20° La présente convention sera soumise à l'approbation du Congrès, conformément à l'article 3 de la loi du 27 septembre dernier.

Pour la fidèle exécution du présent contrat public, les deux parties contractantes s'obligent chacune dans la forme qu'elle doit et peut conformément au droit. En témoignage de quoi, elles ont déclaré et signé avec les témoins ci-dessous, ci-domiciliés, ce que j'atteste : JUAN DEL CAMPILLO, FRANCISCO CASIANO DE BELAUSTEGUI.

Témoins, TEOFILO P. BENITES, JOSE MILLAN, RAMON VASQUEZ.

Devant moi CASIANO CALDERON, notaire général.

Certifié conforme en tous points à la teneur de l'original, qui reste inscrit sur le registre courant de cette étude, et que je certifie vraie, et à la demande de M. de Belaustegui, j'appose ma signature sur les présentes, dans ladite ville et à ladite date.

En témoignage de la vérité,

CASIANO CALDERON, Notaire général.

Ministère des Affaires Étrangères.

Le soussigné, ministre des affaires étrangères de la Confédération Argentine, certifie que la signature ci-dessus de M. Casiano Calderon est celle dont il se sert dans les actes officiels comme notaire, et qu'elle mérite pleinement foi et crédit. En foi de quoi, il a expédié le présent, scellé du sceau du ministère, en la ville de Parana, capitale provisoire de la Confédération Argentine, le 20 octobre 1855.

L. S. JUAN MARIA GUTIERREZ.

BANQUE

DE LA

CONFÉDÉRATION ARGENTINE.

STATUTS

TITRE Ier.

Constitution de la Société.

Il est formé une Société anonyme par actions pour l'exploitation de la concession faite à Messieurs Trouvé-Chauvel et Dubois, d'une Banque avec privilége exclusif, à établir dans les États de la Confédération Argentine, conformément à la loi d'autorisation et au contrat passé entre le Gouvernement fédéral et les Concessionnaires Fondateurs de la Banque.

Art. 1er. La Société prend la dénomination de *Banque de la Confédération Argentine*.

Elle est placée sous le haut patronage de son Excellence le Président de la Confédération Argentine.

La Société aura son siége principal, soit dans la ville où réside le Gouvernement fédéral, soit dans toute autre ville de la Confédération désignée par le Gouvernement.

Elle pourra établir des succursales dans la capitale de chacun des États de la Confédération, et des Agences générales à Paris et à Londres.

Elle pourra aussi, avec l'autorisation du Gouvernement fédéral, établir des Comptoirs dans l'État de Buenos-Ayres, dans la République orientale de l'Uruguay, dans le Paraguay, au Brésil, au Chili et en Bolivie.

Art. 2. La Société sera définitivement constituée le jour où *un million de piastres*, soit *cinq millions de francs*, ou *deux cent mille livres sterling* auront été souscrits aux conditions ci-après stipulées.

Art. 3. La durée de la Société est la même que celle du privilége accordé à la Banque, c'est-à-dire de quinze années, à dater du jour de la constitution définitive, avec faculté de prorogation, (par préférence, à conditions égales de concurrence) stipulée en sa faveur dans la loi et le contrat sus-relatés.

TITRE II.

But de la Société.

Art. 4. Le but de la Société est :

1° De remplir les engagements pris envers le Gouvernement fédéral par la Banque, en échange des avantages qu'il lui a accordés.

2° De faire les opérations de banque ci-après déterminées.

Art. 5. Les avantages concédés à la Banque par la loi de concession et le contrat qui en a été la conséquence, sont les suivants :

1° Privilége exclusif de quinze années, susceptible de prorogation.

2° Faculté exclusive d'émettre des billets de banque à vue et au porteur, portant ou non intérêt, en circulation dans tous les États de la Confédération Argentine.

Ces billets seront toujours admis au pair de leur valeur nominale, par toutes les administrations publiques de la nation, en paiement de droits, impôts, redevances, loyers, fermages, prix de ventes et frais quelconques, conformément au contrat passé avec le Gouvernement.

3° La fabrication de la monnaie nationale, conformément à l'art. 4 du contrat passé avec le Gouvernement.

L'Administration de la banque s'entendra avec la Commission administrative de l'Hôtel des Monnaies, pour réglementer la fabrication de manière à ce que la quantité de numéraire en circulation soit toujours suffisante pour maintenir, autant que possible, l'équilibre nécessaire entre les besoins et les moyens d'échange de toutes les transactions.

4° La Banque sera chargée du recouvrement ou de l'encaissement de tous mandats, traites ou bons quelconques, de droits de douane, à l'importation ou à l'exportation, conformément aux articles 8 et 9 des conventions faites avec le Gouvernement.

Elle sera également chargée de tous les recouvrements et paiements à faire à l'étranger pour le compte du Gouvernement fédéral, aux mêmes conditions que dans l'article précédent.

5° Les Concessionnaires Fondateurs cèderont à la Société la préférence qu'ils pourront obtenir du Gouvernement, de concessions ultérieures pour l'organisation de toutes compagnies ou entreprises publiques ou particulières, financières, industrielles ou agricoles, ayant pour objet l'exploitation de terrains, mines, carrières, bois, etc., la construction de voies publiques de communication, routes, chemins de fer, canaux, ponts, lignes télégraphiques, ports, quais, monuments et établissements publics; en général tout ce qui peut tendre au progrès de la richesse nationale.

Le concours de la Banque ne pourra, en aucun cas, être donné à ces compagnies et à ces entreprises, qu'en dehors de son capital social, qui doit rester constamment et exclusivement destiné aux seules opérations prescrites par les présents statuts.

La Société sera déchue de plein droit de la concession de la Banque, si, dans un an de la date de l'approbation définitive des présents statuts par le Gouvernement fédéral, elle ne s'est pas mise en mesure d'installer la Banque avec un minimum de 720,000 piastres, soit, 3,600,000 fr., ou 144,000 livres sterling, d'actions réalisées; capital strictement exigible pour l'ouverture des opérations.

Art. 6. Les opérations de la Banque consistent :

1° A émettre par privilége exclusif, et dans toute l'étendue du territoire de la Confédération Argentine, des billets de circulation, à vue et au porteur, portant ou non intérêt.

Ces billets se diviseront en coupures, comme il suit :

500	piastres	équivalant à	2,500 fr.
200	»	»	1.000
100	»	»	500
50	»	»	250
20	»	»	100
10	»	»	50
5	»	»	25
2	»	»	10
1	»	»	5

de manière à pourvoir, avec le concours de la monnaie métallique, à tous les besoins de la circulation et des échanges, à tous les degrés, dans les transactions commerciales et particulières.

La masse des billets de la Banque en circulation, ne pourra jamais excéder la totalité des sommes en caisse et en portefeuille, ni, en aucun cas, trois fois l'importance en numéraire, conformément aux articles 5 et 15 du contrat.

Chaque mois, il sera publié dans le journal désigné par le ministre des finances, un état de la caisse et du portefeuille, en même temps que la situation de la masse des billets de la Banque en circulation; et, chaque semaine, la balance générale des opérations semestrielles ou annuelles de l'exercice.

2° A escompter les effets de commerce payables dans les villes de la Confédération Argentine où elle a son siége principal et ses succursales, et, à l'étranger, de préférence sur les places où elle aura des comptoirs ou des agences.

Les billets à son ordre, accompagnés de récépissés de dépôt de marchandises consignées en nantissement, et, en général, toutes sortes d'engagements à ordre et à échéance fixe, résultant de transactions commerciales ou industrielles.

3° A se charger de tous paiements et recouvrements dans la Confédération Argentine, et sur les places de l'étranger où elle aura des comptoirs ou agences.

4° A fournir et à accepter tous mandats, traites et lettres de change. La couverture de ces acceptations devra lui être préalablement faite, soit en nantissement de marchandises, soit en espèces, soit en valeurs agréées par le Conseil d'escompte ;

A ouvrir toutes souscriptions pour la réalisation de toutes Sociétés anonymes ou autorisées par le Gouvernement dans les états de la Confédération Argentine, et dans un but d'entreprises financières, commerciales, industrielles ou agricoles, publiques ou particulières ;

5° A recevoir des capitaux en compte courant, jusqu'à concurrence d'une somme fixée par le Conseil général, et dont l'importance sera également indiquée dans le bilan publié mensuellement ;

6° A recevoir en dépôt, moyennant une commission, toutes espèces de titres ou de valeurs ;

7° A faire le commerce et l'échange des matières d'or et d'argent ;

8° A étudier, provoquer et organiser des projets d'entreprises financières, industrielles et commerciales à exploiter dans les États de la Confédération Argentine, en les secondant de son influence et de son crédit, ou en leur procurant le concours des capitaux étrangers, surtout par l'intermédiaire de ses agences générales de Paris et de Londres.

Toutes autres opérations sont formellement interdites.

Art. 7. La Banque ne pourra escompter que les effets de commerce revêtus de deux signatures au moins, sans pouvoir excéder l'intérêt fixé par l'art. 7 du contrat passé le 19 octobre avec le Gouvernement fédéral.

L'échéance de ces effets ne dépassera pas 120 jours pour le papier payable sur les places où seront établis le siége principal de la Banque ou ses succursales, et 90 jours pour le papier payable sur les places de l'étranger où elle aura des comptoirs ou des agences.

Art. 8. Un récépissé de marchandises déposées en nantissement pourra être admis comme suppléant à l'une des deux signatures.

TITRE III.

Apport social.

Art. 9. Les sus-nommés :

MM. Trouvé-Chauvel et Dubois, concessionnaires-fondateurs de la

Banque, apportent à la Société les droits et avantages résultant pour eux de la concession du privilége exclusif qu'ils ont obtenu du Gouvernement de la Confédération Argentine, tels qu'ils sont décrits dans le contrat du 19 octobre 1855.

ART. 10. Cet apport est fait sans aucune réserve ni restriction. En conséquence, la Société est mise entièrement au lieu et place des sus-nommés, à la charge par elle de satisfaire à toutes les clauses et obligations qui résultent de ladite concession, et de rembourser aux sus-nommés ou à leurs ayant-droit les avances et frais relatifs à l'entreprise, supportés par eux jusqu'au moment de l'approbation des présents Statuts et de la constitution de la Société.

ART. 11. Pour prix de cet apport, les concessionnaires-fondateurs de la Banque, sus-nommés, ont droit aux dividendes annuels dans la proportion et sous la forme déterminée ci-après à l'art. 43.

TITRE IV.

Fonds social.

ART. 12. Le fonds social est fixé à 2,000,000 de piastres, soit 10,000,000 de francs ou 400,000 livres sterling, et divisé en 20,000 actions de 100 piastres ou 500 francs, ou 20 livres sterling, qui seront émises, en France, en Angleterre et dans les États de la Confédération Argentine.

ART. 13. En vertu de la loi et du contrat de concession, la réalisation de 720,000 piastres au minimum, soit 3,600,000 francs, ou 144,000 livres sterling, est exigible à l'ouverture des opérations qui doivent commencer dans l'année qui suivra l'approbation définitive des présents Statuts.

Conséquemment, il sera versé, sur chaque action, au siége de la Société ou au domicile de ses agences à Paris ou à Londres, 2/5, soit 40 piastres, ou 200 fr., ou 8 livres sterling, au moment de la souscription, et 1/5, soit 20 piastres ou 100 fr., ou 4 livres sterling, dans les quatre mois suivants.

En échange du premier versement, il sera remis aux souscripteurs des titres définitifs libérés des 2/5.

L'appel des deux derniers cinquièmes aura lieu aux époques fixées par le Conseil Général, suivant les besoins de la Société, et annoncées au moins quatre mois d'avance dans un journal désigné par le Conseil Général de la localité ou siége la Banque, ainsi que dans un journal de Paris et un journal de Londres.

Les actions sont au porteur.

Elles sont extraites d'un registre à souche, revêtues de la signature du Gouverneur et de deux membres du Conseil Général.

Les propriétaires d'actions ont la faculté de les déposer dans la caisse de la Banque.

Le Conseil Général règle les formalités et les conditions de ces dépôts.

Art. 14. La cession des actions s'opère par la simple tradition du titre.

Chaque action est indivisible, et les droits qui y sont attachés suivent le titre dans quelque main qu'il passe.

Art. 15. Le Conseil Général peut autoriser les anticipations de paiements, et il lui est réservé d'en déterminer les conditions.

Art. 16. A défaut de versement aux époques et dans les conditions fixées, l'intérêt est dû, pour chaque jour de retard, à raison de 6 p. 100 l'an.

Art. 17. Les numéros des actions en retard de paiement sont publiés dans les trois journaux indiqués art. 13; et, deux mois après le triple avis, sans autre mise en demeure, ces actions sont vendues sur duplicata par le ministère d'un agent de change, soit à la Bourse de la ville du siége de la Banque, soit à la Bourse de Paris ou à celle de Londres.

Le titre primitif de l'action ainsi vendue est nul de plein droit par le fait seul de la vente, sans qu'il soit besoin d'aucune autre signification ou publication, et les fonds déjà versés appartiennent à la Société.

En conséquence, toute action qui ne porte pas la mention du versement cesse d'être admise à la négociation, à dater du dernier jour de l'époque fixée pour le versement.

Art. 18. La souscription ou la possession d'une ou de plusieurs actions entraîne, de plein droit, adhésion aux présents Statuts.

Les actionnaires ne sont engagés que jusqu'à concurrence du montant de leurs actions, et les souscripteurs primitifs, après avoir versé les deux premiers cinquièmes, ne sont plus garants de leurs cessionnaires pour les versements ultérieurs.

TITRE V.

Administration.

Art. 19. La Banque est administrée par un Gouverneur, un Sous-Gouverneur, et par un Conseil Général, composé de huit membres, sous la surveillance d'un Comité de trois Censeurs.

Le Gouvernement pourra, aussi souvent qu'il lui conviendra, faire prendre, au siége de la Société, communication des livres et de la situation générale de la Banque, par un Commissaire spécial qui pourra assister aux réunions de l'Assemblée générale des actionnaires et aux délibérations du Conseil, sans voix délibérative.

Art. 20. Le Gouverneur et le Sous-Gouverneur sont nommés par l'Assemblée générale des actionnaires, sur la présentation du Conseil Général.

Ils sont également révocables par cette assemblée, sur la proposition du Conseil.

Ils doivent être propriétaires, le Gouverneur de 100 actions, et le Sous-Gouverneur de 60 actions, lesquelles restent attachées à la souche, en garantie respective de leur gestion, et sont inaliénables pendant sa durée, jusqu'après l'apurement de leurs comptes.

Leurs traitements sont fixés par le Conseil Général.

Art. 21. En cas d'absence ou d'empêchement du Gouverneur et du Sous-Gouverneur, leurs fonctions sont provisoirement déléguées par le Conseil Général à un mandataire, choisi de préférence parmi ses membres,

Art. 22. Les membres du Conseil Général et du Comité de censure sont nommés par l'Assemblée générale des actionnaires.

Les administrateurs sont renouvelables par quart, et les censeurs par tiers, chaque année, suivant tirage au sort.

Les uns et les autres sont incessamment rééligibles.

Art. 23. Le Conseil Général pourra délibérer au nombre de quatre membres, non compris le Gouverneur ou le Sous-Gouverneur, comme Président, et le comité de censure au nombre de deux.

Aucune délibération n'est valable sans ce concours de votants.

Les censeurs peuvent assister aux délibérations du Conseil Général avec voix consultative seulement.

Les décisions sont prises à la majorité absolue des voix: en cas de partage, celle du Président est prépondérante.

Dans le cas où, par suite de causes quelconques, le Conseil Général ou le Comité de Censure se trouveraient, d'une manière permanente, au-dessous du nombre nécessaire pour délibérer, le Gouverneur convoquerait l'assemblée générale des actionnaires, à l'effet de pourvoir à leur remplacement.

Art. 24. Les administrateurs et les censeurs reçoivent des jetons de présence, dont la valeur et la quotité sont fixées par l'assemblée générale des actionnaires, sur la proposition du Gouverneur.

Art. 25. Le Conseil Général et le Comité de Censure nomment chacun leur secrétaire à la majorité des voix.

Les censeurs nomment de la même manière, entre eux, leur Président.

Ces nominations sont faites pour une année.

Art. 26. Le Conseil Général se réunit au moins une fois par semaine, en assemblée ordinaire.

Il est convoqué extraordinairement par le Gouverneur, chaque fois que l'exige l'administration des affaires de la Banque.

Deux membres du Conseil Général, au moins, doivent suivre chaque jour les opérations de la Banque, et assister au Comité d'escompte.

Ils se relèvent chaque semaine à tour de rôle dans ces fonctions.

Art. 27. Le Gouverneur est chargé de la gestion générale des affaires de la Banque, qu'il représente vis-à-vis des tiers.

Il signe, au nom de la Banque, les traités et conventions, la correspondance, les endossements et acquits d'effets, les quittances, les mandats, traites ou lettres de change, les désistements d'hypothèques et main-levées d'inscriptions ou d'oppositions, les marchés et transactions, et généralement tous actes portant engagement de la part de la Société.

Il exerce les actions judiciaires au nom du conseil général, dont il est le président de droit.

Il signe, conjointement avec deux membres du Conseil Général, les titres provisoires ou définitifs des actions.

Il préside également le Comité d'escompte.

Il convoque le Conseil Général et le Comité d'escompte toutes les fois qu'il le juge nécessaire.

Il convoque les actionnaires en assemblée générale, aux époques prévues par les présents Statuts.

Il rédige et présente chaque année, à l'assemblée générale, le rapport sur le résultat définitif des opérations annuelles et sur la fixation du dividende.

Il dresse et publie la balance générale des opérations semestrielles et annuelles de la Banque.

Il peut appeler le Conseil Général à délibérer et statuer sur l'opportunité de renoncer temporairement aux opérations qui paraîtraient préjudiciables aux intérêts de la Société. Ces décisions seraient ultérieurement soumises à la sanction des actionnaires dans leur assemblée générale de fin d'année.

Il présente à la nomination ou révocation du conseil général, le caissier et le secrétaire-général de la Société ; ainsi que les directeurs des succursales, comptoirs ou agences.

Il nomme et révoque tous les employés de la Société.

Il sera chargé conjointement avec le Sous-Gouverneneur, et sous l'autorité du Conseil Général, de la liquidation de la Société, lorsqu'elle devra avoir lieu.

En cas d'empêchement dans l'exercice de ses fonctions, le Gouverneur est substitué par le Sous-Gouverneur avec les mêmes pouvoirs.

Art. 28. Le Conseil Général délibère sur toutes les affaires de la Société.

Il fait tous les réglements relatifs au régime intérieur, prévus ou non prévus par les présents statuts.

Il fixe toutes les conditions de l'escompte, des comptes courants, des avances sur nantissement de dépôts, et en général de toutes les éoprations autorisées par les statuts et dans les limites prescrites.

Il autorise conformément aux statuts tous les traités et conventions, transactions et compromis, toutes acquisitions d'immeubles, d'objets mobiliers, de créances et autres droits incorporels reconnus nécessaires pour le recouvrement des créances de la Société, toutes cessions des mêmes droits avec ou sans garantie, tous désistements d'hypothèques, mains-levées d'inscriptions ou d'opposition, avec ou sans paiement, abandon de droits réels ou personnels, enfin tous actes judiciaires, soit comme demandeur soit comme défendeur.

Il délibère sur l'organisation, l'établissement et le régime intérieur des succursales, comptoirs ou agences.

Il nomme et révoque les directeurs.

Il statue sur la création de l'émission des billets de banque et des mandats sur les succursales, comptoirs et agences, conformément aux statuts.

Il détermine l'emploi des fonds de la réserve.

Il fixe chaque année et d'avance, avec l'approbation de l'assemblée générale des actionnaires, les appointements et salaires des agents et employés de la Société, ainsi que les frais généraux, pour le siége principal, les succursales, comptoirs ou agences.

Il décide la convocation des actionnaires en assemblée générale, toutes les fois qu'il le juge utile.

Il arrête les bilans semestriels et les comptes annuels qui lui sont présentés par le gouverneur, avant d'être soumis à l'assemblée générale des actionnaires, il constate le résultat définitif des opérations de l'exercice, et fixe le chiffre du dividende.

Il propose aux assemblées générales, par l'organe du Gouverneur, le sujet de leurs délibérations.

Art. 29. Le Conseil Général est assisté d'un Comité d'escompte.

Ce Comité est composé par spécialité d'industrie ou de commerce.

Les membres sont nommés par le Conseil Général qui en détermine le nombre.

Le Comité est présidé par le Gouverneur ou le Sous-Gouverneur de la banque, et les deux membres du Conseil Général de service en font partie.

Il est chargé d'examiner les effets présentés à l'escompte et de désigner à l'admission du Gouverneur ceux qui lui paraissent réunir les conditions voulues.

Ni le Gouverneur, ni le Sous-Gouverneur, ne peuvent présenter à l'escompte des effets revêtus de leur signature, ou leur appartenant.

Art. 30. Le Comité de Censure reçoit les réclamations auxquelles peuvent donner lieu les opérations de la Société.

Il veille à la stricte exécution des statuts et réglements de la Banque.

Il surveille toutes les parties de l'établissement, il vérifie la comptabilité, la caisse, le portefeuille, la quantité et l'importance des billets et mandats en circulation.

Il défère au Conseil Général les irrégularités et les violations des statuts.

Il surveille spécialement les opérations relatives à la confection, à la signature et à l'enregistrement des billets, ainsi que leur versement dans la caisse, ou leur annulation matérielle.

Il rend compte au Conseil Général des réclamations relatives aux billets altérés ou détruits par l'usage ou par accident.

Il fait un rapport annuel à l'assemblée générale des actionnaires sur la manière dont les statuts et règlements ont été observés dans toutes les opérations.

Il a le droit, sur décision prise à l'unanimité de ses membres, de requérir du Gouverneur une convocation extraordinaire des actionnaires en assemblée générale.

Art. 31. Chacun des membres du Conseil Général et du Comité de censure doit être propriétaire, pendant la durée de ses fonctions, de vingt actions, et chacun des membres du Comité d'escompte de dix actions de la Banque.

TITRE VI.

Assemblée générale.

Art. 32. La Société est représentée par l'assemblée générale des actionnaires.

Art. 33. L'assemblée générale se compose de tous les actionnaires possédant au moins dix actions, ou de leurs fondés de pouvoirs.

Art. 34. Elle est convoquée par un avis publié un mois d'avance dans la localité du siége de la Société, et deux mois d'avance à Paris et à Londres, par la voie des journaux désignés par le conseil général.

Art. 35. Les actions et les pouvoirs avec l'indication du nom et du domicile du propriétaire, du mandant et du mandataire, seront déposés à l'avance aux lieux et aux époques indiqués par les convocations.

Art. 36. Elle est valablement constituée par la présence de 50 actionnaires au moins, pourvu qu'ils réunissent plus du vingtième du capital total des actions.

On ne peut être fondé de pouvoirs qu'à la condition d'avoir soi-même un droit personnel d'admission.

Art. 37. Si ces conditions ne sont pas remplies sur une première convocation, il en est fait une seconde dans la quinzaine, suivant les mêmes formes.

Les délibérations prises dans cette seconde réunion sont valables, quel que soit le nombre des membres présents et quelle que soit la proportion du capital représenté.

Toutefois, elles ne peuvent porter que sur les objets qui étaient à l'ordre du jour dans la première réunion.

Art. 38. L'assemblée générale des actionnaires est présidée par le Gouverneur ou le Sous-Gouverneur, ou, à leur défaut, par un membre du Conseil Général, à la désignation de la majorité de ses collègues.

Le bureau est composé de trois membres du Conseil Général et de trois des plus forts actionnaires présents. Il désigne son secrétaire.

Art. 39. L'assemblée générale délibère à la majorité absolue des voix.

En cas de partage, la voix du Président est prépondérante.

Art. 40. L'Assemblée générale entend les comptes et les rapports, et les approuve s'il y a lieu.

Sur la proposition du Conseil Général, elle élit les membres du Conseil Général et les autres fonctionnaires dont la nomination lui est réservée.

Elle fixe les dividendes à répartir, et le chiffre de la dotation du fonds de réserve.

Elle délibère sur toutes les questions qui lui sont soumises par le Conseil Général, et notamment, sur les modifications aux Statuts et sur les questions de dissolution ou de prorogation de la Société.

Ces délibérations spéciales ne seront valables, que si elles réunissent les voix des deux tiers des membres présents, représentant au moins le huitième du capital total des actions.

Mais dans le cas où ces conditions ne seraient pas remplies, il est procédé à une seconde convocation régulière pour les mêmes objets, et les décisions sont valables, quel que soit le nombre des personnes présentes, et quelle que soit la proportion du capital représenté.

Art. 41. Les délibérations de l'Assemblée générale, prises conformément aux Statuts obligent tous les actionnaires.

TITRE VII.

Bilan. — Intérêts et dividendes.

Art. 42. Chaque année, il est dressé et soumis à l'appréciation de l'Assemblée générale des actionnaires un état général de l'actif et du passif de la Société.

Art. 43. Dans le passif de cet inventaire annuel sont compris :

1° Le service des intérêts du capital des actions, à raison de 6 p. 100 l'an ;

2° L'annuité de l'amortissement des frais de premier établissement, les frais d'administration, les frais généraux, toutes les dépenses ou pertes quelconques.

Le solde de l'actif représente la somme des bénéfices nets de l'exercice annuel, qui sont répartis de la manière suivante, savoir :

1° 5 p. 100 à la réserve ;

2° 10 p. 100 aux concessionnaires-fondateurs.

Le reste aux actionnaires.

TITRE VIII.

Liquidation. — Prorogation.

Art. 44. La liquidation de la Société ne pourra avoir lieu que par l'expiration du privilége ou par décision de l'assemblée générale, qui fixe dans tous les cas le mode de liquidation.

Art. 45. Si, par des causes quelconques, le capital social se trouvait réduit aux trois quarts, l'assemblée générale serait immédiatement convoquée pour délibérer sur l'opportunité d'une mise en liquidation anticipée.

Si le capital était réduit à moitié, l'assemblée générale des actionnaires en serait aussitôt informée, et la liquidation aurait lieu de plein droit.

Art. 46. Le Conseil Général règle, dans tous les cas, le mode de liquidation dont sont chargés le Gouverneur et le Sous-Gouverneur.

Art. 47. L'actif net est employé, avant tout, au remboursement des actions, et l'excédant, s'il y a lieu, est réparti dans la proportion indiquée à l'art. 43, savoir : 10 p. 100 aux concessionnaires-fondateurs, et 90 p. 100 aux actionnaires.

Art. 48. La mort, la faillite, la déconfiture ou l'incapacité d'un ou de plusieurs fonctionnaires quelconques ou concessionnaires-fondateurs de la Banque, ne sera pas une cause de liquidation, et les ayant-droit n'auront vis-à-vis de la Société que les droits de ceux qu'ils représenteront.

Art. 49. Dans les deux années qui précéderont l'expiration du terme fixé pour la durée de la Société, l'assemblée générale des actionnaires, convoquée à cet effet, pourra autoriser le Conseil Général à provoquer ou consentir la prorogation du privilége et de la Société; en réclamant la préférence sur toutes concurrences à conditions égales, conformément aux dispositions de la loi et du contrat de concession.

TITRE IX.

Art. 50. Toutes les contestations qui pourraient s'élever pendant la durée de la Société, ou lors de sa liquidation, soit entre le Gouvernement de la Confédération Argentine et la Société, soit entre la Société et les actionnaires, les concessionnaires-fondateurs ou des tiers, soit entre les actionnaires et les concessionnaires-fondateurs eux-mêmes, seront jugées, savoir :

1° Les contestations entre le Gouvernement et la Société, par la Cour suprême de justice de la Confédération, sur la sentence préalable d'une commission arbitrale, composée de banquiers et de négociants nommés en nombre égal par chacune des parties;

2° Les contestations entre la Société et les actionnaires ou les concessionnaires-fondateurs, ainsi que celles entre les actionnaires et les concessionnaires eux-mêmes, par le tribunal de commerce de la localité du siége principal de la Banque, sur la sentence préalable d'une commission arbitrale, nommée aussi par chacune des parties en nombre égal.

Enfin, les contestations entre la Société et des tiers, par le tribunal de commerce du même ressort que ci-dessus, près duquel élection de domicile est faite par la Société, pour l'exercice de tous ses actes et traités.

DISPOSITIONS TRANSITOIRES.

Par dérogation exceptionnelle et indispensable aux présents Statuts, la Direction générale et l'Administration supérieure de la Banque sont organisées dès à présent de la manière suivante :

Sont nommés pour les cinq premières années de la Société, et rééligibles ou renouvelables ensuite selon les règles établies par les Statuts.

Gouverneur, M.

Sous Gouverneur, M.

Membres du Conseil Général ou Régents de la Banque :

MM.

1.
2.
3.
4.
5.
6.
7.
8.

Il est aussi formé une Commission d'Organisation composée de

MM. *Président.*

Vice-Président.

Secrétaire.

Secrétaire-Adjoint.

Auxquels pleins pouvoirs sont donnés par tous les souscripteurs d'actions ou adhérents aux présents Statuts, et par le seul fait de leur adhésion ou souscription, de consentir auxdits Statuts toutes les modifications qui seraient nécessaires pour en obtenir l'homologation d'accord avec les concessionnaires, et de traiter provisoirement, sauf ratification du Gouvernement et du Conseil Général, de l'établissement des agences de la Banque à Paris et à Londres, au nom et pour compte de la Société.

MINISTÈRE
DES
FINANCES.

Paraná, 20 Octobre 1855.

A Messieurs Trouvé-Chauvel et Dubois,
à Paris.

Messieurs,

En temps opportun a été reçue dans ce ministère et communiquée à S. E. le Président la lettre datée de Paris, du 28 mai de la présente année, dans laquelle vous dites avoir donné à M. C.-F^{co}. de Belaustegui les pouvoirs nécessaires pour vous représenter et solliciter, en votre nom, du Gouvernement de la Confédération Argentine, le privilége pour l'établissement d'une Banque nationale, conformément à la loi rendue par les chambres législatives.

En vertu de ces pouvoirs, votre mandataire a présenté à mon Gouvernement, à la date du 18 août, les propositions que vous l'aviez autorisé à faire. A cette époque, le pouvoir exécutif se trouva empêché de les prendre en considération, parce qu'il avait été rendu, à la date du 6 juillet, une loi qui concédait à M. Jose de Buschenthal, l'établissement d'une banque d'émission de dépôt et d'escompte ; mais le congrès législatif, ayant eu occasion de s'occuper de cet objet, a rendu la loi du 27 septembre dernier, qui procure à mon Gouvernement la satisfaction d'entrer en négociation avec votre mandataire. C'est pourquoi j'ai eu le plaisir de faire cette communication à M. de Belaustegui, par une dépêche du 29 septembre, pour l'ouverture de la négociation qui s'est heureusement terminée par le contrat passé, en conséquence de la loi du 6 juillet, le 19 du courant, et dont M. de Belausteguy emporte une expédition officielle.

Quant aux statuts qui doivent régir l'établissement de la

Banque, soumis par votre mandataire à l'approbation du Gouvernement, en vertu de l'article 11 des conditions acceptées par M. de Belaustegui, mon Gouvernement n'a rien à y objecter, et il les approuvera en temps voulu tels qu'ils sont, ou avec telles modifications que vous jugerez convenables en ce qui concerne le Gouvernement, pourvu qu'elles ne soient pas en désaccord avec les stipulations du contrat sus-mentionné.

Je remplis un devoir de justice en vous assurant que M. de Belaustegui s'est acquitté de sa mission avec tout le zèle, l'activité et la loyauté qui le rendent digne de la confiance que vous lui avez accordée et de l'estime de mon Gouvernement. Je ne doute pas que, de son côté. il ne manifeste à MM. Trouvé-Chauvel et Dubois, la considération avec laquelle ont été accueillies les propositions de personnes aussi recommandables et les égards particuliers dont il a été lui même l'objet.

Recevez, Messieurs, l'expression de toute ma considération et de toute mon estime,

Le Ministre des Finances,

JUAN DEL CAMPILLO.

MINISTÈRE
DES
FINANCES
DE LA
CONFÉDÉRATION ARGENTINE

Paris, le 24 juillet 1856.

A Messieurs
Trouvé-Chauvel et Dubois.

Le souverain congrès de la nation à voté, le 21 de ce mois, la loi, dont ci-joint copie légalisée approuvant le contrat passé le 19 octobre 1855, avec votre mandataire M. Don Francisco C. de Belaustegui.

S. E. M. le Président m'a chargé, en vous communiquant l'approbation dudit contrat, de vous confirmer ce que j'ai déjà eu le plaisir de faire dans ma lettre du 27 du mois dernier, le désir qu'il éprouve de vous voir vous empresser de réaliser l'établissement de la Banque, dont la nécessité se fait sentir de plus en plus pour les intérêts généraux de la Confédération.

Je ne doute pas qu'après la réception de la loi ci-jointe, et tout inconvénient ayant disparu, vous ne vous efforciez de remplir la promessse que contenait notre lettre du 7 mai dernier, afin que les populations fédérales se trouvent le plus tôt possible en possession des avantages importants que leur promet cet établissement.

Par l'article 2 de la loi ci-jointe, vous êtes informés de l'autorisation accordée par les chambres législatives au pouvoir exécutif national, d'accepter la proposition que vous avez faite d'élever à la somme d'un million de piastres l'emprunt stipulé dans le contrat d'octobre, et il m'est agréable de vous faire savoir que le gouvernement national n'attend, pour cette nouvelle stipulation, que votre adhésion aux bases indiquées par le souverain congrès dans ledit article, ou la proposition, de votre part, de conditions analogues à l'esprit de la loi.

J'ai l'honneur de saluer MM. Trouvé-Chauvel et Dubois.

Le Ministre des Finances,

AUGUSTIN JUSTO DELAVEGA

LOI.

Le Sénat et la Chambre des Députés de la Confédération Argentine, réunis en congrès, décrètent avec force de loi :

Article Premier. Est approuvé, le contrat passé par le pouvoir exécutif national, le 19 octobre 1855, avec M. Francisco C. de Belaustegui, représentant MM. Trouvé-Chauvel et Dubois.

Art. 2. Le pouvoir exécutif national est autorisé à négocier l'emprunt stipulé dans l'article 14 du contrat sus-mentionné, jusqu'à la somme d'un million de piastres remboursables en dix années, par annuités de cent mille piastres, avec intérêts à six pour cent l'an, pour la destination indiquée dans l'article 9 du chapitre 2 de la loi du 8 novembre 1855.

Art. 3. A communiquer au pouvoir exécutif.

Salle des séances du sénat, à Parana, capitale provisoire de la Confédération Argentine, le vingt-un juillet mil huit cent cinquante-six.

SALVADOR, Mª. del CARRIL, *Président.*

CARLOS Mª. SARAVIA, *Secrétaire.*

Parana, 21 juillet 1856.

Ministère des Finances.

Soit tenu pour loi de la Confédération, avec avis de réception ; communiqué, publié et inscrit sur le registre national.

JUSTO J. DE URQUIZA.

AUGUSTIN JUSTO DE LAVEGA.

Pour copie conforme :

EZEQUIEL N. PAZ.

Officier Ministériel.

Parana, 29 juillet 1856.

Messieurs Trouvé-Chauvel et Dubois.

Messieurs,

J'ai en ma possession votre lettre datée du 7 mai. Par ce paquebot vous recevez des communications officielles contenant le contrat approuvé par le Souverain Congrès. En conséquence il ne manque plus que votre arrivée pour l'installation immédiate de la Banque Nationale qui importe tant aux intérêts généraux de la Confédération.

Comptant sur l'accomplissement de la promesse que vous m'avez renouvelée de venir, aussitôt après avoir reçu l'avis du règlement définitif de cette affaire, il me reste à vous réitérer l'assurance que la situation du pays offre toute espèce de garanties pour le plus grand succès d'une entreprise de cette nature. La paix la plus complète règne dans toutes les parties du territoire ; l'immigration abonde sur notre sol, et l'esprit industriel et commercial anime toutes les populations.

Agréez la nouvelle assurance de toute mon estime et ma considération,

JUSTO J. DE URQUIZA.

EXTRAIT DE LA CONSTITUTION

DE

LA CONFÉDÉRATION ARGENTINE.

ART. 10. Dans l'intérieur de la République, la circulation des articles de production ou de fabrication nationale est libre de droits, comme l'est également celle des étoffes et des marchandises de toute espèce introduites par les douanes extérieures.

ART. 11. Les articles de production ou de fabrication nationale ou étrangère, de même que les bestiaux de toute espèce qui passent d'une province dans une autre, seront libres des droits appelés de transit, comme aussi les voitures, navires ou bêtes de somme qui servent à leur transport; et aucun autre droit ne pourra leur être imposé dans l'avenir, quel que soit le nom qu'on lui donne, pour fait de circulation sur le territoire argentin.

ART. 12. Les navires allant d'une province à une autre ne seront pas obligés d'entrer, de mouiller ni de payer des droits pour leur passage.

ART. 14. *Tous les habitants de la Confédération* jouissent des droits suivants, conformément aux lois qui traitent de leur exercice, savoir : de travailler et d'exercer toute industrie licite; de naviguer et de faire le commerce; d'adresser des pétitions aux autorités; d'entrer, de rester, de passer et de sortir du territoire argentin; de publier par la presse leurs idées sans censure préalable; d'user et de disposer de leur propriété; de s'associer dans un but utile; *de professer librement leur culte, d'enseigner et d'apprendre.*

ART. 15. Il n'y aura plus d'esclaves dans la Confédération Argentine : Le petit nombre de ceux qui existent encore sera libre le jour du serment prêté à cette Constitution, et une loi spéciale déterminera les indemnités auxquelles donnera lieu leur affranchissement. Tout contrat de vente ou d'achat de personnes est réputé crime, duquel seront responsables les personnes qui le commettront et les fonctionnaires publics qui y prêteront leur ministère.

Art. 16. La Confédération Argentine n'admet aucune prérogative de couleur ou de naissance, ni priviléges personnels, ni titres de noblesse. Dans son sein, tous les habitants sont égaux devant la loi, et tous sont admis aux emplois sans autre considération que la capacité. L'égalité est la base de l'impôt et des charges publiques.

Art. 17. La propriété est inviolable, et aucun habitant de la Confédération ne peut en être privé, si ce n'est en vertu d'un jugement rendu conformément aux lois. L'expropriation pour cause d'utilité publique ne peut avoir lieu qu'en vertu d'une loi spéciale, et moyennant indemnité préalable. Le Congrès seul impose les contributions mentionnées dans l'article 4. Aucun service personnel n'est exigible si ce n'est en vertu d'une loi ou d'un jugement. Tout auteur ou inventeur est propriétaire exclusif de son œuvre, invention ou découverte, pour le temps déterminé par la loi. La confiscation des biens est abolie pour toujours dans le Code pénal argentin. Aucun corps armé ne peut faire de réquisition ni exiger de secours d'aucune espèce.

Art. 20. Les étrangers établis sur le territoire de la Confédération jouissent de tous les droits civils des citoyens; ils peuvent exercer leur industrie, commerce ou profession; posséder des biens fonciers, les acheter et les vendre; naviguer sur les fleuves et sur les côtes; exercer librement leur culte; tester et se marier suivant les lois. Ils ne sont pas tenus de prendre la qualité de citoyen ni de payer des contributions forcées extraordinaires. Ils obtiennent la naturalisation après deux années de résidence dans la Confédération; mais l'autorité peut diminuer ce temps en faveur de celui qui le demande, pour services rendus à la République.

Art. 25. Le Gouvernement fédéral encouragera l'émigration européenne, et il ne pourra restreindre, ni limiter, ni grever d'aucun impôt l'entrée dans les Provinces Argentines des étrangers ayant pour but de travailler la terre, d'améliorer l'industrie, d'introduire et d'enseigner les sciences et les arts.

Art. 26. La navigation des fleuves intérieurs de la Confédération est libre pour tous les pavillons, à la seule condition qu'ils se soumettent aux réglements dictés par l'autorité nationale (1).

Art. 27. Le Gouvernement fédéral devra assurer ses relations de paix et de commerce avec les puissances étrangères par des traités qui soient conformes aux principes du droit public adoptés dans cette Constitution.

Art. 28. Les principes, les garanties et les droits reconnus dans les articles antérieurs ne pourront être altérés par des lois organiques destinées à en régler l'usage.

Art. 64. Il appartient au Congrès de :

1° Faire les lois des Douanes extérieures et fixer les droits d'importation et d'exportation.

3° Contracter des emprunts sur le crédit de la Confédération.

4° Régler l'usage et la vente des terres de propriété nationale.

5° Établir et réglementer une Banque nationale dans la capitale et des succursales dans les provinces, avec la faculté d'émettre des billets.

6° Statuer sur le paiement de la dette intérieure et extérieure de la Confédération.

9° Réglementer la navigation libre des fleuves intérieurs, ouvrir les ports qu'il jugera convenables et créer ou supprimer des douanes.

10° Faire frapper la monnaie, fixer sa valeur et celle des monnaies étrangères; adopter un système uniforme de poids et mesures pour toute la Confédération.

11° Rédiger les Codes civil, de commerce, pénal et des mines, et spécialement les lois générales pour toute la Confédération, sur les droits des citoyens et la naturalisation, sur les banqueroutes et les falsifications de la monnaie courante et des titres publics de l'État, et celles exigées pour l'institution du jury.

12° Régler le commerce maritime et terrestre avec les nations étrangères, et celui des provinces entre elles.

13° Régler l'administration générale des postes de la Confédération.

(1) La principale règle nationale du principe de libre navigation intérieure, se trouve dans le décret du 3 octobre 1852, qui dit : « La navigation des fleuves Parana et Uruguay est permise à tout navire marchand, quels que soient sa nationalité, sa provenance et son tonnage. L'entrée des mêmes ports ouverts dans les fleuves Parana et Uruguay est également permise aux navires de guerre des nations amies. »

16° Pourvoir à ce qui peut amener la prospérité du pays, au progrès et au bien-être de toutes les provinces et à l'instruction, en dictant des mesures d'instruction générale et universitaire, et en encourageant l'industrie, l'immigration, la construction de chemins de fer et de canaux navigables, la colonisation des terres de propriété nationale, l'introduction d'industries nouvelles, l'importation de capitaux étrangers et l'exploration des fleuves intérieurs, par des lois protectrices et par des concessions temporaires, des privilèges et des encouragements.

EXTRAIT DU TRAITÉ

POUR

LA LIBRE NAVIGATION DES FLEUVES PARANA ET URUGUAY,

Entre la Confédération Argentine

ET S. M. L'EMPEREUR DES FRANÇAIS.

Au nom de la Très-Sainte Trinité.

Son Exc. M. le Directeur provisoire de la Confédération Argentine et Sa Majesté l'Empereur des Français,

Désirant resserrer les liens d'amitié qui si heureusement existent entre leurs États et pays respectifs, et convaincus que d'aucune manière ils ne pourraient atteindre ce résultat, sinon en prenant de commun accord toutes les mesures propres à faciliter et augmenter les relations commerciales,

Ont résolu de fixer par un traité les conditions de la libre navigation des fleuves Parana et Uruguay, et éloigner ainsi les obstacles qui jusqu'à présent ont entravé cette navigation, etc.

ART. 1er. La Confédération Argentine, en exercice de ses droits souverains, permet la libre navigation des fleuves Parana et Uruguay, dans toute la partie de leurs cours qui lui appartient, aux navires marchands de toutes les nations, avec l'unique sujétion aux conditions établies par ce traité et aux réglements sanctionnés ou qui, dans l'avenir, se sanctionneraient par l'autorité nationale de la Confédération.

ART. 2. Par conséquent, lesdits navires seront admis à séjourner, charger et décharger dans les lieux et ports de la Confédération Argentine, ouverts à cet objet.

ART. 3. Les principaux objets en vue desquels les fleuves Parana et Uruguay sont déclarés libres pour le commerce du monde étant de développer les relations commerciales des pays riverains et de favoriser l'immigration, il est convenu qu'il ne sera accordé aucune faveur ou immunité au pavillon ou au commerce de toute autre nation qui ne soient accordées également à ceux de Sa Majesté l'Empereur des Français.

Des traités identiques ont été signés, à la même époque, avec l'Angleterre et les États-Unis. Ce dernier pays a complété son traité de navigation par un traité de commerce. L'Angleterre possède un traité de commerce depuis 1825. Tout récemment le Gouvernement fédéral a conclu de nouveaux traités avec la Sardaigne, le Portugal et le Chili.

LOI

SUR LA FABRICATION DES MONNAIES.

Le Sénat et la Chambre des Députés de la Confédération Argentine, réunis en congrès, décrètent avec force de loi :

Art. 1er. Le pouvoir exécutif est autorisé à faire frapper dans les hôtels des monnaies de la nation et à mettre en circulation des monnaies d'argent et de cuivre, conformément aux dispositions du règlement de finances et de crédit, chap. 1er, titre X, art. 8, parag. 14.

Art. 2. La valeur relative de la monnaie d'argent correspondra proportionnellement à une pièce de cent centavos; du poids de 14 adarmes, au titre de dix deniers de fin.

Art. 3. Il ne sera frappé que des pièces de cent, de cinquante, de vingt, de dix et de cinq centavos.

Art. 4. La monnaie d'argent portera pour empreintes : d'un côté les armes nationales, au centre ; l'inscription *Confederacion Argentina* au contour, et l'indication de la valeur à la partie inférieure ; de l'autre côté, la légende *Libre y fuerte por la Constitucion*, au contour; le livre symbole de la constitution au centre; et le millésime à la partie inférieure ; avec faculté d'user des abréviations nécessaires.

Art. 5. Quant à la monnaie de cuivre, la division de sa valeur en fractions, la quantité à émettre de chacune des fractions, leur poids relatif et leur diamètre superficiel, seront conformes aux dispositions des art. 2, 3 et 4 du décret expédié au pouvoir exécutif national, en date du 25 janvier de l'année courante.

Art. 6. La monnaie de cuivre portera pour empreintes : d'un côté, un soleil au centre ; et l'inscription *Confederacion Argentina* à la circonférence ; de l'autre côté, l'indication de la valeur au centre ; et l'inscription *Casa de moneda* avec le millésime à la circonférence ; avec faculté d'user des abréviations nécessaires.

Art. 7. Le pouvoir exécutif est autorisé à mettre la présente loi à exécution avec les fonds nationaux, ou au moyen d'emprunts particuliers, en se conformant aux réglements fiscaux établis.

Art. 8. Communication de la présente loi sera donnée au pouvoir exécutif.

Art. additionnel. L'unité monétaire, fixée par la loi ci-dessus, s'appellera *Colon*.

Salle des séances du sénat à Parana, capitale provisoire de la Confédération Argentine, 1er décembre 1854.

Signé: SALVADOR M. del CARRIL.

CARLOS M. SARAVIA, *Secrétaire*.

Parana, 5 décembre 1854.

Exécutez, accusez réception, communiquez et transcrivez sur le registre national.

Signé : URQUIZA.

JUAN DEL CAMPILLO.

LOI

SUR LA CIRCULATION DES MONNAIES ÉTRANGÈRES DANS LA CONFÉDÉRATION ARGENTINE.

ARTICLE PREMIER. Les monnaies étrangères spécifiées comme suit, seront admises dans les bureaux du fisc, comme monnaie courante de la Confédération, pour la valeur qui leur est assignée, savoir :

1° MONNAIE DU CHILI.

		P.	S
OR.	L'once et ses fractions relativement.....	17	»
	Le condor...........................	10	»
	Les fractions en proportion.		
ARGENT.	La piastre............................	1	»
	Pièces de 50 cent....................	0	50
	Id. 20 id.	0	20
	Id. 10 id.	0	10
	Id. 5 id.	0	05

2° MONNAIE DE LA NOUVELLE-GRENADE, BOLIVIE, ÉQUATEUR, MEXIQUE, ETC.

OR.	L'once et ses fractions en proportion (dix-sept piastres.)...............	17	»
ARGENT.	La piastre forte (une piastre 6 cent.)...	1	06

3° MONNAIE DU BRÉSIL.

		P.	$
Or.	Pièces de vingt mille reis (dix piastres.) ..	10	»
	Id. de dix mille reis (cinq piastres.) ...	5	»
Argent.	Piastre forte de deux mille reis (une piastre 6 cent.)	1	06
	Et proportionnellement les fractions de *mille* et de *cinq cents* reis.		

4° MONNAIE DES ÉTATS-UNIS D'AMÉRIQUE DU NORD.

Aigle de dix dollars (dix piastres.)	10	»
Demi-aigle de cinq dollars (cinq piastres.)	5	»
Quart d'aigle de 2 1/2 dollars (deux piastres 50 cent.)	2	50
Les autres fractions en proportion.		

5° MONNAIE DE FRANCE ET DE BELGIQUE.

Or.	Pièces de 40 francs	(huit piastres.)		8	»
	Id. 20 id.	(quatre piastres)		4	»
	Id. 10 id.	(deux piastres.)		2	»
Argent.	Id. 5 id.	(une piastre.)		1	»
	Les fractions en proportion.				

6° MONNAIE ANGLAISE.

Or.	Livre sterling (cinq piastres.)	5	»
	Demi livre sterling (deux piastres 50 cent.)	2	50

7° MONNAIE ESPAGNOLE.

		P. $
Or.	Once et ses fractions en proportion (dix-sept piastres.)	17 »
Argent.	Piastre forte (une piastre 6 cent.)........,	1 06

Art. 2. La présente loi sera communiquée au pouvoir exécutif, pour sa sanction et sa promulgation.

En la salle des séances de la Chambre des Députés, au Parana, le 3 septembre 1855.

JOSÉ B. GRANA, *Président.*

FELIPE CONTRERAS, *Secrétaire.*

Parana, le 5 septembre 1855.

Force de loi est donnée à la présente. Il en sera donné communication à qui il appartiendra, accusé de réception, et elle sera publiée et insérée au registre national.

CARRIL.

JUAN DEL CAMPILLO.

STAT

PROVINCES.	SUPERFICIE EN LIEUES carrées.	POPULATION.	VILLES.	POPULATION.	DISTANCES EN LIEUES de BUÉNOS-AYRES.	de ROSARIO.
SANTA-FÉ.	7,000	50,000	....	....	....	....
			SANTA-FÉ.	6,000	117	36
			Rosario.	10,000	81	»
CORDOVA.	8,000	170,000	....	....	....	....
			CORDOVA.	30,000	192	111
			Villa-Nueva.	1,800		
			Fraile-Muerto.	2,000		
			Saladillo.	800		
			San-Xavier.	2,000		
			Rio-le-Sauce.	7,000		
SAINT-LOUIS.	6,000	45,000	....	....	....	....
			SAINT-LOUIS.	6,000	242	160
			Renka.	3,000		
			La Caroline.	12,000		
MENDOZA.	5,000	70,000	....	....	....	....
			MENDOZA.	25,000	300	230
			San-Carlos.	»	....	....
			Barriales.	»		
			St-Vincent.	»		
SAN-JUAN.	10,000	50,000	....	....	....	....
			SAN-JUAN.	12,000	340	268
			Pueblo-Viego.	1,000	....	....
			Jacba.	1,000		
			Vallefertil.	1,000		
RIOJA.	20,000	40,000	....	....	....	....
			LA RIOJA.	5,000	350	»
			Los Listanos.	»	»	»
			Arauco.	»	»	»
			Famatina.	»	»	»
			Guandacol.	»	»	»

QUE.

OBSERVATIONS.
Sur la rive droite du Parana. — Elève du bétail, des moutons et des chevaux. — Sol très propre à la culture des céréales, mais peu cultivé. — Commerce en cuirs, laines, bois, charbon. Capitale située près d'un grand lac, traversé par le *Saladillo-Grande*, qui se jette dans le Parana. Excellent port. — Marché des provinces de l'Intérieur. — Service direct de bateaux à vapeur pour Montevideo.
Sol montagneux et boisé à l'Ouest et au Nord, en plaine vers l'Est et le Sud. — Fertile mais sans culture. — Gros bétail, moutons et mules. — Mines très riches d'argent, de plomb, de cuivre, et de charbon. — Marbre, plâtre et chaux hydraulique. Capitale. — Possède une Université renommée. — Centre commercial très considérable. — Tanneries, Maroquinerie.
Sol excellent, mais peu cultivé. — Riches pâturages. — Elève du bétail, des moutons, des chevaux et des mules. — Mines d'or assez importantes, celle de la Caroline occupe 600 ouvriers pour le lavage de l'or. Capitale. — Agréablement située sur le sommet d'une colline, à l'extrémité Sud d'une chaine de montagnes qui s'étend vers le Nord.
Limitrophe du Chili, s'étend par le versant Oriental des Cordillères. — Beaucoup de Culture. — Blé, Maïs. — Vins et Eau-de-Vie. — Raisin et fruits secs. — Elève des vers à soie. — Situation très prospère. — Riche mine d'or. — Charbon de terre. Capitale. — Ville agréable et bien bâtie. — Destinée à une grande prospérité, quand un chemin de fer, facile à construire à travers ces plaines, reliera le Chili au Parana. Dans la belle vallée de Uco.
Sur le Versant Oriental des Cordillères, avec une plaine immense à l'Est. — Sol très fertile. — Culture du blé, du Maïs, de la vigne, des arbres fruitiers, de l'olivier, du mûrier. — Elève du bétail. — Vin, eau-de-vie, fruits secs. — Nombreuses Mines. — Mines d'or de Jacha. Capitale. A 60 lieues de la Capitale. — Possède une mine d'or, qui donne chaque année plus de 400,000 fr. de revenu brut.
Territoire entrecoupé de montagnes et de vallées, d'un aspect très pittoresque. — Culture très variée; Blé, Vigne, Arbres fruitiers. — Elève du Bétail. Nombreuses mines. — La mine d'or de Famatina, à 35 lieues à l'Ouest de la Capitale, seule exploitée, est une des plus productives. — Mines d'argent. Capitale. Chefs-lieux des quatre autres départements de la Province, sont, après La Rioja, les villes les plus importantes.

STATIS

PROVINCES.	SUPERFICIE EN LIEUES carrées.	POPULATION.	VILLES.	POPULATION.	DISTANCES EN LIEUES.	
					de BUÉNOS-AYRES.	de ROSARIO.
CATAMARCA.	9,000	65,000	....	....	....	....
			CATAMARCA.	6,000	....	....
			Belen.	2,000		
			Piedra Blanca.			
			Sierra de Ancasti.			
			Santa-Maria.			
SANTIAGO DE L'ESTERO.	6,000	80,000	....	....	....	....
			Santiago de l'Estero.	6,000	....	....
TUCUMAN.	8,000	60,000	....	....	....	....
			TUCUMAN.	20,000	....	....
			Famailla.	6.000		
			Monteros.	12,000		
			Chiquilagasta	6,000		
			Rio-Chico.	4,000		
			Graneros.	6,000		
			Leales.	4,000		
			Burroyaco.	9,000		
			Trancas.	2,500		
			Encalilla.	600		
SALTA.	6,000	70,000	....	....	450	374
			SALTA.	14,000	....	....
			Oran.	800		
			La Rinconada.	600		
			Rosario de Cerillos			
			Chicuana.			
			Aula et Sumalas.			
			Valle de San Carlos			
			Rio del Val.			
JUGUY.	4,000	40,000	....	....	....	....
			JUGUY.	5,000	....	....

TIQUE.

OBSERVATIONS.
Située dans une délicieuse et immense vallée, arrosée par de nombreux cours d'eau, qui coulent des montagnes. — Climat très doux et très salubre. — Mines d'or, de cuivre, de mercure, de platine. — Sol très fertile, peu de culture. — Coton supérieur. — Elève de gros bétail, de moutons, et principalement de chevaux. Située dans la belle et grande vallée qui porte son nom. — Capitale.
Située le long de la frontière Ouest du Chaco Argentin. — Elève du bétail, des moutons et des chevaux. — Blé. — Les femmes fabriquent les Ponchos (manteaux) et de belles housses pour les chevaux. Capitale. — Bétail, Laines, Chevaux, manteaux, Housses pour les chevaux.
Une des plus riches de la Confédération, arrosée par de nombreux cours d'eau; elle possède beaucoup de vallées d'une végétation luxuriante. — Grande variété de bois très remarquable. Grenadille, ébène, acajou, oranger, citronnier etc. — Plantes de toute espèce. — Blé, maïs, riz, tabac, coton, canne à sucre. Elève du bétail sur une très grande échelle, surtout de chevaux et de mules. — Tanneries, fabriques de sucre de cannes. — Riches mines d'or. — (mine d'Aconquija très renommée). Capitale. — Entourée de grandes forêts. — Ville importante par son industrie et son commerce.
Située au Nord Ouest de la Confédération, sur le versant Oriental des Cordillères. — Plusieurs variétés de marbres. — Nombreuses mines d'or et d'argent. — Dans le district de Casabinda, existe une mine inépuisable de sel commun Cristallisé. — Au Nord Est de la Province, se trouve le mont Alumbre, couvert d'une couche d'alun pur à l'état natif. — Elève de moutons, de vaches, de mulès. — Grande exportation de cuirs à Buenos Ayres. Arbres fruitiers de toutes sortes. — Haricots, lentilles, pois, fèves, blé, maïs, tabac, canne à sucre. — Tanneries, fabrication de chapeaux. — Teintures. Capitale. — Ville bien bâtie et agréable, ses environs sont arrosés par de nombreux ruisseaux, et couverts de bosquets. — (Élève de bœufs d'une race supérieure).
Occupe l'extrême frontière du Nord-Ouest de la Confédération. — Culture de la canne à sucre et du coton. — Laine. — Mines abondantes. — Commerce considérable avec la Bolivie et le Pérou. — Les mêmes produits que dans la province de Salta. Capitale. — Sur les bords du Rio-Grande de Juguy, fleuve navigable pour les navires de 40 tonneaux.

STATIS

PROVINCES.	SUPERFICIE EN LIEUES carrées.	POPULATION.	VILLES.	POPULATION.	DISTANCE EN LIEUES de BUÉNOS-AYRES.	de ROSARIO.
CORRIENTÊS.	6,000	80,000	....	....	....	....
			CORRIENTES.	10,000	260	....
			Goya.	4,000	210	....
			Bellavista.	1,000	....	....
			Saladas.	600	....	....
			San-Roque.	1,500	....	....
			Mburucuya.	600	....	....
			Jaquarete-Cora.	200	....	....
			San-Miguel.	200	....	....
			Cacati.	2,500	....	....
			Itati.	300	....	....
			San-Cosme.	400	....	....
			Saint-Louis.	600	....	....
			Empedrado.	300	....	....
			La Esquina.	500	....	....
			Payubre.	400	....	....
			Curusu-Cuatia.	2,500	....	....
			Restauracion.	300	....	....
ENTRE RIOS.	4,000	50.000	....	....	....	....
			Bajada, ou ville du Panama.	80,000	....	....
			Gualeguaychu.	6,000	....	....
			Concepcion.	4,000	....	....
			La Concordia.	»		
			Gualeguay.	2,000	....	....
BUÉNOS-AYRES.		250,000	BUÉNOS-AYRES.	100,000		

TIQUE.

OBSERVATIONS.

Au Nord-Est de la Confédération Argentine. — Grand nombre de cours d'eau, plaines immenses et très fertiles. — Elève de bétail en grand, de moutons et de chevaux: en 1840, le nombre de bêtes à cornes s'élevait à 6,000,000. — Saladeros, Tanneries. — Distillation de l'eau-de-vie de canne à sucre. — Construction de navires. — Culture du Maïs, du coton, du tabac, de la canne à sucre, de la cochenille.
Grand commerce, vu la position avantageuse de la province au centre de fleuves navigables. — Cuirs, laines, suifs, bois.

Capitale. — Bâtie le long du Parana, avec un port excellent, non loin de l'embouchure du Paraguay et du Vermijo, est appelée à devenir, par sa position, un centre commercial très important. — Résidence du Gouverneur.

Port situé sur un canal qui se jette à une lieue de là dans le Parana. — Marché de l'Intérieur, à 50 lieues de Corrientes.

Ville sur une hauteur, près du Parana. — Port et Douane.

A 30 lieues de Corrientès.

Le long du Rio Santa Lucia. — A 40 lieues de Corrientes.

Au centre de la plaine de ce nom.

A 60 lieues au Sud-Est de Corrientes.

A 45 Est de Corrientès.

Culture de la canne, du coton et du tabac.

Port sur le Parana, fondé par les Jésuites.

Joli village, situé au centre de la plaine magnifique des Ensenadas.

A six lieues à l'est de Corrientes.

Sur la rive gauche du Parana. — Culture du maïs et de la canne à sucre.

Sur les bords du Riacho et de la Esquina. — Port commerçant.

Beaux paturages. — A soixante dix lieues de Corrientes.

A 90 lieues sud est de Corrientes. — Grand commerce de cuirs. — Culture de la Garance.

Sur les bords de l'Uruguay.

Une des plus riches provinces de la Confédération, au-dessus du confluent du Parana et de l'Uruguay. — La plus riche en bétail. — Saladeros.
Commerce le plus important, sol très propre à la culture des céréales, du blé, du maïs surtout, et du tabac. — Baignée par de nombreux cours d'eau navigables.

Capitale, et siége du Gouvernement. — sur la rive gauche du Parana. — Théâtre. — Commerce actif. — Excellentes carrières de chaux et de plâtre.

Sur la rive droite du fleuve de ce nom. — Port excellent. — Plusieurs saladeros établis dans les environs. — Théâtre.

A une lieue de l'Uruguay. — Dans ses environs se trouve le beau saladero de San-Candido. — Commerce assez important.

Sur le Rio de ce nom.

FLEUVES ET RIVIÈRES NAVIGABLES.

1° *Le Parana*, de Montevidéo à Buénos-Ayres.

à Saint-Nicolas. à Rosario. à Dramante. à Parana et Santa-Fé. à Goya. à Corrientes.	Par bateaux à vapeur.
à Itapua (dans le Paraguay.) à Candelaria.	Par bateaux à voiles.

2° *Le Paraguay*, de Corrientes à l'Assomption (dans le Paraguay rive gauche), par bateaux à vapeur.

3° *L'Uruguay*, de Montévidéo à Colonia (rive gauche bande orientale).

à Las Higuerritas. à Gualeguaychu. à Uruguay. à Paysandu (sur la rive gauche). à Concordia. à Salto (sur la rive gauche).	Par bateaux à vapeur.

AFFLUENTS DU PARANA.

Gualeguay. Novoya. Las Conchas. Rio Corientes. Bateles.	Sur la rive gauche.

Le Saldo, sur la rive droite, qui se divise en deux bras :

L'un remonte de Santa-Fé à Matara,
à Pitos,
à Miraflorès,
à Salta,

Et reçoit la rivière de Guachipas, remontant à San Carlos, et dans les Cordillères.

L'autre remonte aussi de :
Santa Fé aux Salados de Los Porongos,
à Santiago del Estero,
à Tucuman,

Et par la rivière Medinas à San Ignacio, à 30 à 40 lieues de Catamarca sur la route de cette ville à Tucuman.

AFFLUENTS DU PARAGUAY.

Le Vermejo, remontant de *Nambucu* à travers le Chaco Argentin, à Oran et la Bolivie, à Juguy, et tout près de Salta.

Le Pilco Mayo, remontant de l'Assomption à travers le Chaco en Bolivie, jusqu'aux environs de Potosi.

ROUTES

Sur la rive gauche du Parana :

1° De Parana à San Pedro, frontière de la Bande orientale et du Brésil.
à La Cruz, dans les Missions,
à Saint-Ildefonse, à la Concepcion et à Candelaria, frontière du Paraguay.

2° De Parana à Sainte-Lucie et à Corrientes, le long du Parana.

3° De Corrientes à Candelaria et à Corpus, le long de la frontière du Paraguay.

4° De Puerto Caballos, le long de l'Uruguay, à San-Pedro.

ROUTES.

Sur la rive droite du Parana :

1° De Rosario à Santa Fé, à Matara, à Pitos, à Miraflorès, à Salta, à Juguy, à Oran et en Bolivie, le long du Salado.

A Pitos, un embranchement de cette route traverse le Chaco, depuis le Salado jusqu'au Vermejo, et plus haut un embranchement va de Miraflorès à Esquina Grande, également d'un fleuve à l'autre.

2° Une route partant au-dessus de Corrientes, va le long du Vermejo jusqu'à Esquina Grande.

3° De la route du Salado part, au point de Sepulturas, un embranchement qui se dirige sur Tucuman, Catamarca et remonte à San Carlos.

4° De Santa Fé à Santiago, avec quelques embranchements sur la route du Salado.

5° De Santa Fé à Cordova.

6° De Cordova à Santiago, Tucuman, Salta, Juguy, Humaguaca, Oran à la Bolivie.

7° De Cordova à La Rioja, Catamarca et San Carlos.

8° De Cordova à San Juan, au Passage du Patos au Chili,

9° De Cordova à Mendoza, avec embranchement sur San Juan, au point de Passo, et de Mendoza au Chili, vers Santiago et vis-à-vis Valparaiso, par deux embranchements, le premier au passage de Portillo, et le second au passage de Pacas.

10° De Rosario à Cordova, bifurquant à Herra Dura, pour se diriger sur San Luis et Mendoza.

La plupart de ces routes communiquent par divers embranchements de moindre importance.

L'ensemble du réseau descend par une artère principale jusqu'à Buénos Ayres, et de cette ville partent un grand nombre de routes secondaires, se dirigeant vers l'intérieur de cette province et les Pampas.

Ainsi, les grands centres sont : Buénos-Ayres, Rosario, Parana, Santa Fé et Cordova.

Les transports de marchandises se font sur ces routes, soit à dos de mulet, soit sur des chariots traînés par des bœufs ou des Mules.

Il y a des diligences sur les principales directions, de Rosaros à Cordova, et de Cordova à quelques-uns des chefs-lieux des autres provinces; notamment à Mendoza, ainsi que de Rosario à Buenos-Ayres. Ces diligences parcourent environ 20 lieues par jour.

Un chemin de fer est projeté de Rosario à Cordova, avec prolongement ultérieur à Mendoza, vers le Chili.

Le sol, sur presque tout le territoire de la Confédération, est très propre à la construction des chemins de fer. Il produit en abondance une espèce de bois d'une dureté extraordinaire, qui résiste parfaitement au soleil et à l'humidité, et qui pourrait être d'une grande utilité dans la confection de ces voies de communication.

Le commerce des provinces de l'intérieur ayant principalement besoin de communiquer avec le Parana, comme on le voit par la direction générale des routes, et de toutes les rivières allant aussi de l'intérieur se jeter dans le même fleuve, il y aurait autant de facilité que d'utilité à construire des chemins de fer le long de ces rivières, quand elles ne pourraient pas être rendues navigables ou canalisées.

COLONISATION.

Les concessionnaires de la Banque nationale ont obtenu en même temps la concession en toute propriété de 200 lieues carrées de terrain, dans les diverses provinces de la Confédération Argentine.

La lieue argentine se compose de 40 CUADRAS : La CUADRA équivaut à 150 VARES ; la VARE à 860 millimètres ou 86/100 de mètres. Donc, la lieue argentine comprend 5,160 mètres, et la lieue carrée est égale à 2,662 hectares 56 ares.

Conséquemment, les 200 lieues carrées représentent 532,500 hectares.

Les Provinces de la Confédération Argentine sont au nombre de 13, non compris Buénos-Ayres, savoir :

Santa-Fé.	Santiago del Estero.
Cordova.	Tucuman,
San Luis.	Salta.
Mendoza.	Juguy.
San Juan	Corrientes.
La Rioja.	Entre-Rios.
Catamarca.	

La superficie de ces 13 provinces est de 138,000 lieues carrées, soit 367,400,000 hectares.

La population totale, y compris les étrangers et les Indiens, est d'environ 1,500,000 habitants ; 20,000 à peine se livrent à la culture du sol.

La valeur de la terre, dans l'intérieur des provinces, varie de 5,000 à 20,000 francs la lieue carrée, ou les 2,662 hectares 56 ares, soit. P. 1.88 c. à 7,51 l'hectare.

Le climat est très salubre ; il ne règne jamais d'épidémies dans ces contrées.

La température plus souvent humide que sèche est constamment si douce que le feuillage des arbres reste vert toute l'année.

Le territoire est sillonné d'innombrables cours d'eau, qui forment une multitude de rivières navigables, se jetant presque toutes dans les magnifiques fleuves du Parana et de l'Uruguay, dont se compose le Rio de la Plata. Le sol est d'une fertilité extraordinaire.

Il existe dans les Provinces Argentines plus de 20 millions de bêtes à cornes, d'innombrables troupeaux de moutons, des quantités considérables de chevaux, de porcs, etc.

Les principales productions du pays sont : l'élève du bétail, industrie qui rapporte au moins 60 p. 100 par an et qui produirait beaucoup plus, si, par quelques soins peu dispendieux, on améliorait le régime d'alimentation des animaux. Les viandes, qui ne s'expédient aujourd'hui qu'au Brésil, à la Havane, etc., pour la nourriture des esclaves, deviendraient ainsi propres à l'exportation en Europe. Il en est de même de la laine, dont le produit et la qualité pourraient s'améliorer dans de rapides proportions, par des moyens analogues ;

Le blé, dont le rendement varie de 40 à 80 pour 1 ;

Le maïs, qui rend 80 à 100 pour 1 ;

L'orge, qui produit dans les mêmes proportions que le blé :

Le coton, qui donne un revenu de 12 à 1,500 francs par hectare ;

Le tabac, qui peut donner annuellement 2,500 à 3,000 francs par hectare ;

La canne à sucre, dont le produit net est d'environ 1,200 fr. par hectare ;

L'oranger, qui fournit pour 1.500 fr. de fruits en moyenne par hectare ;

Le lin, le chanvre, l'indigo, la garance, etc. ;

La vigne, le mûrier, l'olivier, les arbres fruitiers en général, etc.

Les forêts se composent de nombreuses sortes de bois, propres à la construction.

C'est principalement dans les provinces de l'Ouest que se trouvent, en grand nombre, les riches mines d'or, d'argent, de plomb, de cuivre, de fer, de charbon, etc.

Le prix de la main d'œuvre en agriculture varie de 4 à 6 fr. par journée de travail, ou de 80 à 100 fr. par mois, plus le logement et la nourriture.

En industrie, le travail se paie le double.

Le projet de la Société est de coloniser les vastes terrains, dont la propriété lui est concédée, en formant successivement des colonies séparées de 200 familles de 5 personnes chacune, soit 1,000 individus sur un espace de 3 lieues 1/2 carrées environ, à raison de 20 hectares par famille.

C'est le système généralement adopté pour d'autres entreprises de colonisation, auxquelles le Gouvernement argentin a donné libéralement son appui et son concours.

Imp. Wiesener, rue Delaborde, 12.

www.ingramcontent.com/pod-product-compliance
Ingram Content Group UK Ltd.
Pitfield, Milton Keynes, MK11 3LW, UK
UKHW020427230726
13925UKWH00004B/1641